別偷看！
聖誕老人的秘密

愛麗絲・布希耶・阿給

海倫・布希耶・阿給　　著

弗朗索瓦・馬克・貝耶　　圖

新雅文化事業有限公司
www.sunya.com.hk

秘密檔案

從一個聖誕節的
晚上開始

　　我出生的家庭十分傳統，甚至可以說是有點無趣。爸爸媽媽非常和藹可親，但卻非常缺乏想像力。他們總要把所有事情解釋得合理、清楚：什麼聖誕老人啦、小仙子啦、懂魔法的老鼠啦，都不存在。對爸爸媽媽來說，他們只是故事裏的角色。

　　幸運的是，在一個聖誕節的夜晚，我因為吃了太多栗子火雞，一整晚都感到非常口渴。我下牀喝了二十次水。然後，我看見了他……

真的是聖誕老人！
我們說了很多、很多、很多的話，然後他才
剛離開，我就開始期待下一年的聖誕節了！

這些年來，我們會在壁爐前相見，他告訴了我許多關於他工作的事情。聽着聽着，我就下定決心，將來也要成為聖誕老人！他作為我的好朋友和好榜樣，推薦我到他以前的學校上課。我在那裏發現了所有關於聖誕老人的秘密，學習如何成為一個優秀的聖誕老人。

課後，我還必須進行各種實地訓練，例如在背上貼着廣告板在大街上行走、在雪橇道具上不斷擺造型拍攝照片，還跟小朋友們一起玩耍，他們會拉拉我的鬍子，會跟我互動交談，讓我心情愉快！

我相信我是最優秀的，因為聖誕老人選擇了我作為他的接班人。那麼，你想知道更多關於我的事情嗎？接下來，我會跟你分享我的小秘密啊！

秘密01

我的外貌

　　小朋友們請注意，單靠服裝打扮是不能成為聖誕老人的！我知道許多大人戴假鬍子試圖模仿我，但你們千萬別上當！現在不如一起來參觀我的私人衣櫥吧！

. . . .

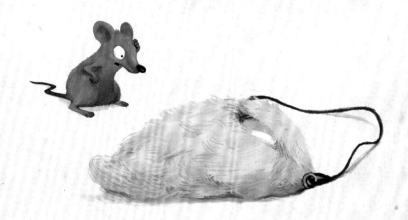

聖誕老人的裝束

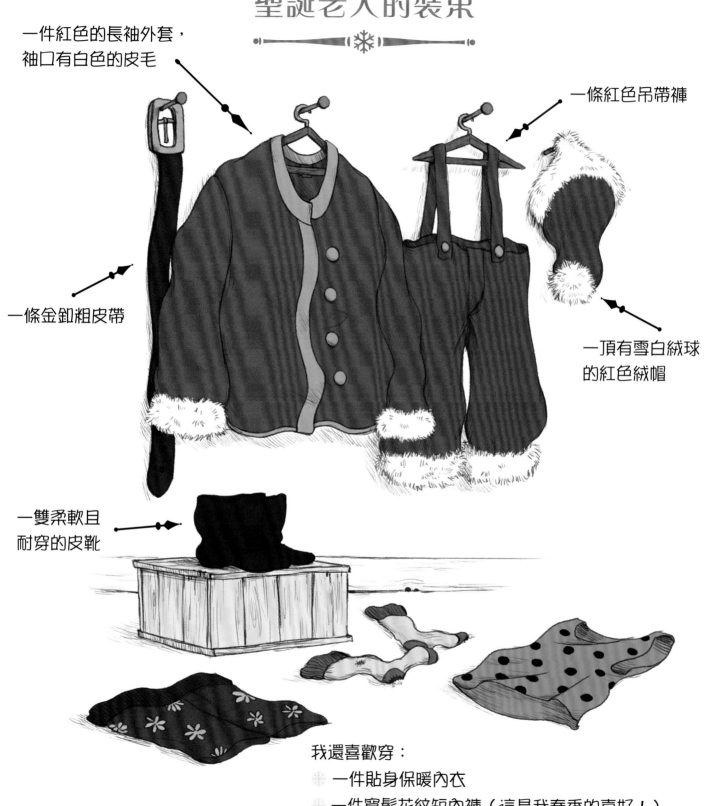

一件紅色的長袖外套，
袖口有白色的皮毛

一條金釦粗皮帶

一條紅色吊帶褲

一頂有雪白絨球
的紅色絨帽

一雙柔軟且
耐穿的皮靴

我還喜歡穿：

❅ 一件貼身保暖內衣

❅ 一件寬鬆花紋短內褲（這是我春季的喜好！）

❅ 一雙破洞的襪子（因為我的腳需要呼吸新鮮空氣！）

為什麼是紅色？

❄

　　在很久以前，我的制服是純白色的。這是為了避免引起注意，讓我可以悄悄地在被白雪覆蓋的屋頂上游走。直至有一天晚上，正當我打算回去停泊雪橇的地方時，傻傻的馴鹿們竟然先起飛了。儘管我不斷向牠們揮手示意，牠們仍然找不到我。我不可能大聲呼喊，因為這會弄醒所有小朋友！於是我在屋頂足足等了一個小時才得以離開，我發誓這再也不會出現第二次。

　　我決定把制服改成紅色，這樣馴鹿就不會把我落下了……如果牠們不是故意的！

圓滾滾的身材

❄

我以前很瘦，身材修長，是真的！如果說我有一點，有那麼一點胖了，這不是因為我貪吃，而是因為我有禮貌啊！

爽脆！

試想在每個聖誕節的夜晚，世界各地每家每戶的小朋友都為我準備一份小驚喜：一小塊英國的布甸、羅馬尼亞的土耳其軟糖、中國的蜜餞、墨西哥的糖衣花生。我當然要全部帶走啦！然後我要慢慢品嚐，一點一點地吃到下一年。

香滑！

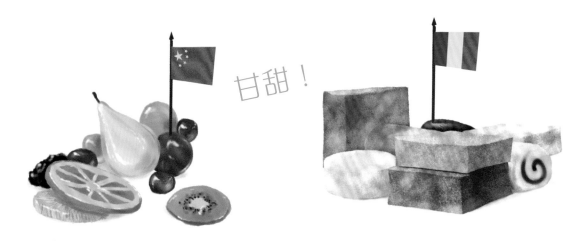

甘甜！

軟綿綿的鬍子

噓！不要告訴別人

親愛的小朋友，你有沒有注意到我的鬍子非常柔軟呢？令我引以為傲！

我需要每天細心打理我的鬍子才能夠和你們擁抱。如果你答應不嘲笑我，我會把保養的秘訣告訴你。啊，你答應了嗎？那我就悄悄跟你說：我用了嬰兒洗髮水啊！

我的家

我住的房子很大很大，完全是木製的。我曾經想要一間用稻草做的房子，但是我的朋友小豬非常不建議我這樣做。一個巫婆想讓我蓋一間薑餅屋，但這絕對不可能，那是一個陷阱！最後，一位蘇格蘭的老人把他在海邊的城堡留給了我。城堡有足夠的空間，有新鮮的空氣，不過還有許多鬼魂！所以還是算了，我的木屋也挺好的。

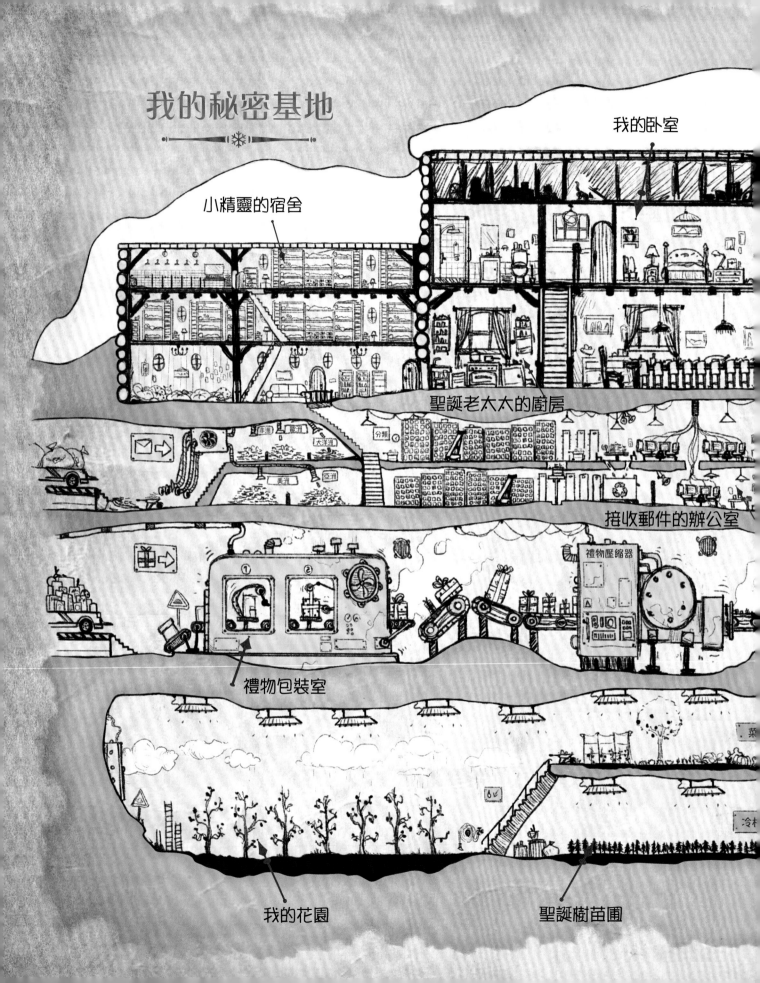

我的秘密基地

我的卧室

小精靈的宿舍

聖誕老太太的廚房

接收郵件的辦公室

礼物壓縮器

礼物包裝室

我的花園

聖誕樹苗圃

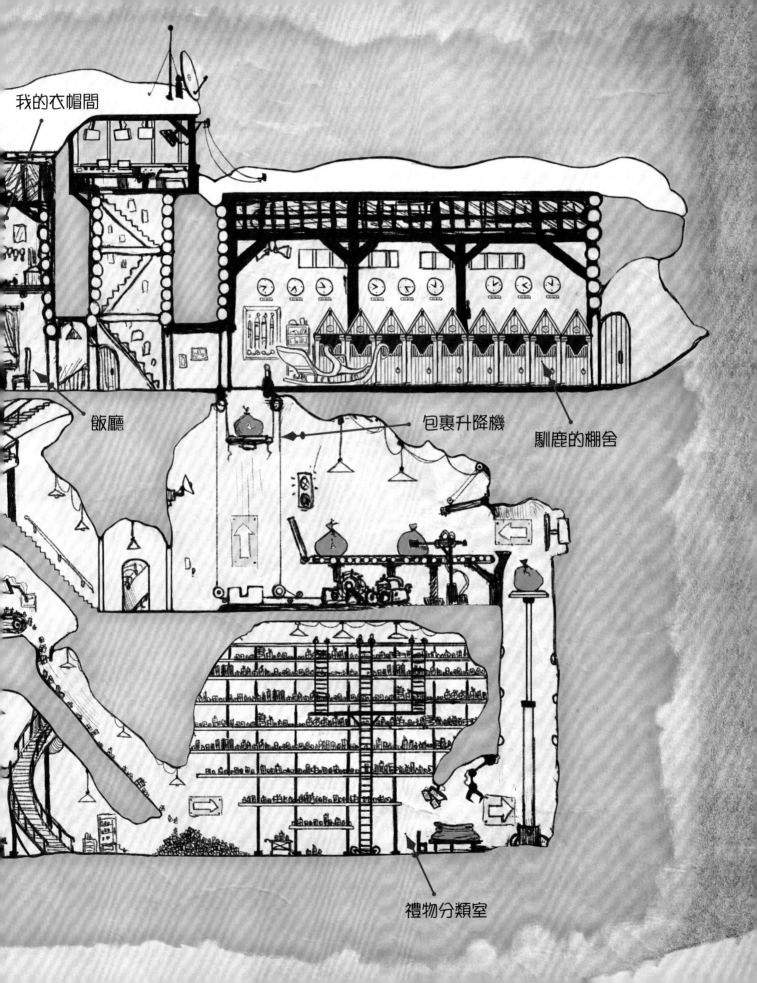

我的衣帽間

飯廳

包裹升降機

馴鹿的棚舍

禮物分類室

隱藏的房子

　　過往有很多很多人前來尋找我的木屋，但都一無所獲。因此他們認為我的房子是會隱形的，當然不是啦！這是因為房子在北極，這裏從早上、中午、下午，甚至晚上都在下雪。白雪鋪天蓋地，我的房子就這樣被隱藏在大雪之中。

輕輕鬆鬆整理家務

如何把房子整理得井然有序？我的秘訣就是分！門！別！類！我會把所有物品按顏色或特點分類，而且有很重要的目的：我會把聖誕帽子和草莓放在一起，這樣即使帽子弄髒了，也不太容易被發現。襪子要和芝士放在一起，這樣就算散發出古怪的氣味，都不能怪我的襪子！至於西蘭花、豌豆和豆角，就和我飼養的青蛙一起放吧，牠們說不定會很喜歡呢！

發臭的

紅色的

其他

有刺的

綠色的

可燃的

我的花園

我在溫室種植了一系列極為奇特的樹木：有的可以長出彈珠，有的長出小頭飾，有的甚至會長出彩色蠟筆或玩具積木。這裏也是毛絨布偶居住的地方，很快它們便會在新家找到溫暖的安樂窩了。

我的菜園

我還有一個菜園。和全世界的菜園一樣，這裏有番茄、胡蘿蔔和漿果。我有一塊地專門種植萬聖節的南瓜，還有一塊漂亮的草坪，在復活節的早晨，復活節彩蛋伴隨着教堂的鐘聲，送到這片草坪上。我喜歡所有的節日，不僅僅喜歡自己的節日！

樅樹

當然，我還有一塊迷你的樅樹苗圃。每年我會把這些樹苗寄到世界各地。商人會把它們培植長大，等到樹木成熟後送到你們的家中，成為聖誕樹。

聖誕樹上的裝飾

我的聖誕樹非常愛美，它們喜歡在身上掛滿吊球和彩帶，而它們最喜歡的就是掛在樹頂上的那顆星星。如果你細心地看，你會發現它們有了頭上的星星之後便會站得更直了，驕傲得好像是戴着王冠的國王呢！

秘密03

我的雪橇

千萬不能在雪橇的安全和維修成本上斤斤計較，因為但凡出現一點小問題，我就有可能要在空中度過這美妙的聖誕節了！為了減少後顧之憂，我會隨身攜帶一個大大的工具箱、一個飛行三角警告牌和一件螢光安全背心（背心的衣領當然要有白色的皮毛啦，那還用說！），以備不時之需。

馴鹿

若想充分發揮雪橇的性能，選擇合適的馴鹿至關重要。這些馴鹿既要各有所長，又要懂得相互配合。下面就是我的馴鹿團隊：

魯道夫

牠負責帶領整個馴鹿隊伍，
因為牠有紅色的鼻子。

猛衝

牠跑得最快，在賽跑比賽
中，牠跑贏了所有選手！

彗星

牠是團隊裏的智者。牠對
星星的名字瞭如指掌。

舞者

牠是最優雅的馴鹿，儘管
有時候牠的舞步會打亂隊
伍的節奏！

歡欣

牠最搞笑，雖然有時候牠
會講不太好笑的笑話。

丘比特

牠喜愛毛絨玩偶，是負責
擁抱和親吻的官方代表。

雷

牠是最強壯的馴鹿，需要時牠可
以獨自拉動雪橇。

閃電

牠擁有敏銳的嗅覺，可以察
覺到千里之外的暴風雨。

雌狐

牠是最聰明的，能夠在一瞬間
計算出飛行距離和時間。

馴鹿的食物

為了能夠讓馴鹿飛翔，牠們需要吃一款名為「漂浮之島」的法式奶油蛋白甜品，還有
一種叫做「空中飛翔」的食物，這是一款法式酥皮餡餅。此外，棉花糖也是馴鹿必不可少
的食物，牠們吃了能變得輕飄飄。一般來說馴鹿需要一年進食兩次棉花糖。

製造雪橇

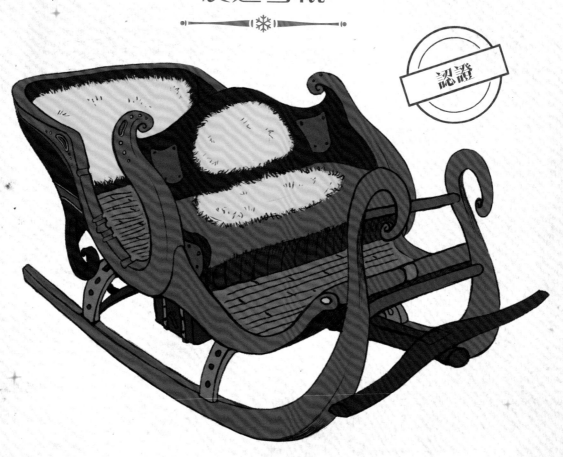

認證

　　若想挑選良好的木材製造雪橇，你必須要認識樹木，傾聽它們在風中的歌聲，找出渴望旅行的樹木。挑選完畢後，你便可以把它帶走。你需要砍斷樹木，修剪出合適的形狀，然後進行刨木和打磨，最後用螺絲固定。在樹木的配合下，這個過程會十分順利！

學習着陸

——❋——

在獲得雪橇駕駛執照之前，見習聖誕老人需要花大量時間在特殊駕駛學校上課。

我們需要學會避開飛機、讓小鳥們優先經過、避免太過靠近太陽、在雨中駕駛雪橇……但最困難的還是安全着陸，並且不能發出一絲聲響！一般而言，着陸分為五個步驟：

1. 辨別煙囪的方位

2. 確認風向

3. 估算屋頂的傾斜度

4. 駕馭馴鹿

5. 別忘記剎車！

當聖誕老人掌握了這五個步驟，他就可以開始到每家每戶派送禮物了。

秘密04

我的書信

　　每一年，我收到成千上萬來自世界各地的來信。從十一月起，我們必須開始把信件一袋又一袋地儲存起來。注意一封信也不能丟失！不然小朋友會失望的……

智慧型書信分類

處理信件的第一步就是分門別類，按照大洲、國家、地區、城市、社區、房子分類信件。然後小精靈們就開始打開信件，把指令逐個逐個輸入巨型電腦，直接與不同的工廠聯繫。務必製作出所有的禮物，滿足小朋友的聖誕願望！

建議NO.1

請把你的住址寫在信封上，這會大大減少我們的工作負擔。

建議NO.2

請在信末加上祝福語：這會提升我們的士氣，但又不會增加郵費。

精通多國語言 的小精靈

世界上有數千種語言。幸好我們有大量的小精靈！派送完禮物之後，每個小精靈會被安排到不同的國家，逗留幾個星期學習當地的語言。例如各國說「你好」的用語：

GOD DAG
（丹麥語）

BONJOUR
（法語）

BUONGIORNO
（意大利語）

HELLO
（英語）

NAMASTE
（印度語）

GUTEN TAG
（德語）

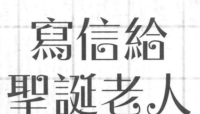

信件

寫信給聖誕老人

★ 你只需要拿起一張紙，在上面書寫、繪畫或者貼上物品的圖案。

★ 你還需要在信上向我保證你是一個善良的小朋友，然後簽名。

★ 最後，請你在信封上寫上以下這個地址：

雪地上的木屋
北極
聖誕老人收

然後送到郵局，郵差是我的好朋友，他們很樂意幫我送信，這是為了報答我在他們小時候送過他們玩具。

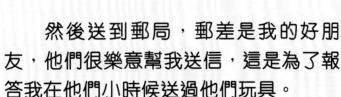

給小朋友的建議

請不要待到最後一刻才寄信，因為在臨近聖誕節的時候，玩具工廠已經忙不過來了！若你提早寫信，我們便可以更仔細、更認真地查看你的聖誕願望。

我的精靈朋友

毫無疑問，我很厲害，非常厲害，超級厲害，但有時候我也難免需要一點點的幫助。還好我身邊有一羣多才多藝的小精靈。多得他們的幫助，每年我才能按時完成所有準備工作。

全體成員

以下是幫助我的小精靈團隊：

翻譯組
負責閱讀每一封小朋友的來信。自從其中一個小精靈把信中的「娃娃」看成「青蛙」後，他們便開始戴眼鏡，以免再送錯禮物。

包裝組
需要準備包裝禮物的材料，然後使用機器摺疊成精美的包裝禮盒。

裝飾組
為禮物加上絲帶和裝飾，使每一份禮物都是獨一無二的。

雪橇組裝隊
負責組裝雪橇並把所有的禮物裝載
到雪橇上！為此，他們全年都在用
樂高積木訓練組合能力！

最後是負責禮物製作的小精靈，他們人數最多，
而且各有所長。以下是各個工廠的精靈組長：

瑪米露擁有非常靈活的手指。
華麗的公主服飾和恐怖的吸血
鬼披風都是出自她的工廠。

弗格雷喜歡研究電路。遙控
汽車、發聲玩偶或者偵探類
玩具都需要找他製作。

布切特喜歡鋸木、砍木、
刨木和打磨木材。如果你
想要仿真玩具，例如蔬菜
玩具或者搖搖馬，你都可
以在她那裏找到！

39

住宿和膳食

簡單來說，小精靈們每天在工餘時間，只做讓他們開心的事！他們常常一整晚都在開派對、唱歌、跳舞和演奏樂器。在這種情況下，我和聖誕老太太唯一能夠做的是：戴耳塞！還有隔天早上給小精靈喝很多的咖啡。

吃東西也一樣！他們只愛吃甜食、糖果、口香糖、棒棒糖和棉花糖……幸好他們也很喜歡刷牙，不然肯定會蛀牙！

聖誕節前的工作時間表

❄

　　當聖誕節臨近，也就是聖誕節之前的四個星期，工作的節奏會加快！雖然我們全年都在生產玩具，但是大部分訂單都集中在十二月寄過來。所以工作會變得更加忙碌！小精靈們從早工作到晚，每天只吃幾顆蜂蜜糖果填飽肚子。到了晚上，只需幾秒鐘，全世界都在打鼻鼾，別說吵吵鬧鬧開派對了！

噓⋯⋯⋯⋯

呼嚕呼嚕⋯⋯⋯⋯

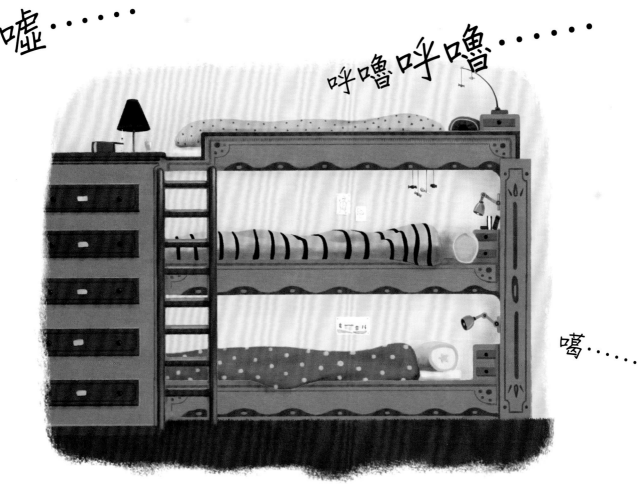

嗄⋯⋯⋯⋯

小心！這些頑皮的小精靈！

　　小精靈的性格很調皮、貪玩、吵吵鬧鬧、極其敏感還有點小脾氣。若你想見識一下他們的本事，不妨大聲說：「這個世界根本沒有小精靈……」這足以釀成一場災難：

* ✦ 你的鞋帶會永遠解不開；
* ✦ 你的洗衣機裏會突然少了一隻襪子；
* ✦ 你碗裏的牛奶會被打翻。

你還會遇到各種各樣討厭的麻煩事，這肯定能令小精靈大笑一場！但他們也是世界上最棒的小精靈，勤奮、能幹和謹慎！

而且，我必須向你們承認：

他們常常讓我笑得合不攏嘴！

改用精靈機械人？

玩具商人曾經嘗試以機械人取代小精靈。這根本毫無意義！精靈機械人也是非常任性和易怒，而且他們的工作質量很低！怎能比得上我那可愛的小精靈團隊！

給你一個小建議：要是你發現根本不需要精靈機械人，別扔掉，就把它留下來當作裝飾吧！

禮物工廠

　　小精靈具有最高的工作效率，但是他們需要大量的空間！所以我花了很多錢開設工廠。那三座圍繞我家木屋的小山丘，其實就是三座巨型工廠。在那裏，每天能生產成千上萬的玩具。

三座巨型工廠

第一座小山丘

這個工廠負責生產毛絨布偶、容易堆砌的玩具積木、遊戲地毯、會亮起七彩光的小夜燈、播放安眠曲的音樂盒，還有掛在牀上的玩具吊飾。

第二座小山丘

哇！這裏的禮物種類完全不一樣！各式各樣的人形玩偶經過組裝頭部和四肢之後，小精靈便會為它們套上漂亮的衣服！你還有機會見到各種卡通人物或超級英雄的模型、遊戲產品，又或是遙控玩具。

青少年禮物工廠

第三座小山丘

你想要化學家的工具箱？一把電子吉他？一台電腦？這代表你已長大了！但是別擔心，聖誕老人的工廠會盡所能滿足你的願望，這或許要請大人們一起花點心思呢……

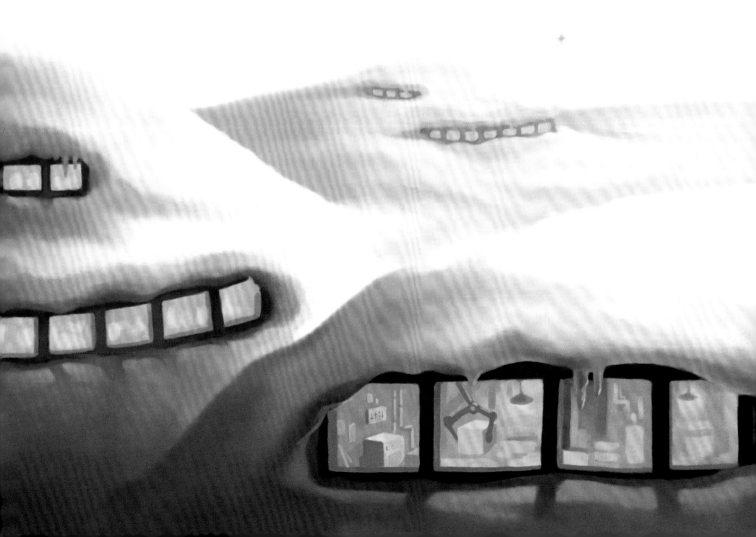

與時並進

* ❄ *

　　聖誕老人的工作還包括掌握最新的潮流趨勢。如果時下的小女孩喜歡會說、會走、晚上會發光的嬰兒玩偶，那麼我們沒必要製作幾百個過時的陶瓷娃娃。

新潮玩具：

動物回力車

貓咪小背包

旋轉陀螺

懷舊玩具：

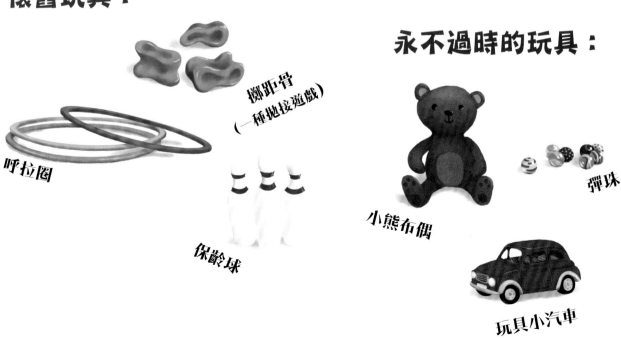

擲距骨
（一種拋接遊戲）

永不過時的玩具：

呼拉圈

保齡球

小熊布偶

彈珠

玩具小汽車

我最近得到了一台超級機器，利用頂尖的技術包裝所有禮物！首先用高精密的雷射技術裁剪出大小剛好的包裝紙，然後用鼓風機讓包裝紙緊貼禮物盒的表面，再用萬能膠黏合紙張，這樣就大功告成了！你最多只需要用7.3秒就可以撕開整個包裝！聖誕節前夕我們必須爭分奪秒！

特殊包裝須知：

★ 扮家家酒的陶瓷玩具要在包裝的時候用上大量的氣泡紙。

★ 煙花組盒在派送的時候要避開運作中的煙囪。

★ 不能用膠帶把小貓咪固定得太緊，否則會嚇怕牠們！

秘密07

聖誕之旅

　　一晚要拜訪地球上六十億人！我每一年都懷疑自己不可能完成，但是每一年我都做到了！但要注意，絕對不能臨時抱佛腳，聖誕之旅是需要花一整年的時間用心準備。

設計路線

村莊位置：67726區
途經時間：22時46分
兒童數目：370人
注意事項：許多電線，小心雪橇！！
日期：每年的12月25日

供馴鹿休息
的池塘

巧克力

狹窄的煙囪！
（準備杏仁油）

從2號
煙囪進入

惡犬請注意！

隨意飲用
的牛奶

VIP家庭

我們每年都需要重新設計路線，因為會有新的嬰兒出生，有人會搬家，還要考慮到風向和雲層的分布。這涉及非常精密的計算，我們會在小精靈當中挑選出最聰明的團隊負責這項任務。

但是我必須向你們承認一點，我相信你們會理解我的。在餓了的時候，我偶爾會偏離一下路線：突然想吃巧克力？那麼先去盧卡斯的家吧⋯⋯突然想吃糖果？那麼改去瑪莉安的家吧⋯⋯

帶齊必需品

以下清單列有聖誕之旅中必備的物品：

★ 一張衞星地圖；

★ 一副夜視眼鏡；

★ 幾個小鈴鐺，用來提示途中的小鳥；

★ 幾雙無痕鞋底，避免在雪中留下足跡；

★ 一條可隨意伸縮的煙管，必要時用來進入沒有安裝煙囱的家庭；

★ 一些魔法粉末，它可以把壓縮後的禮物變回原來的尺寸；

糖果

糖果
(巧克力)

備忘：

記得提醒小朋友不要把西蘭花、芹菜或者豌豆藏到聖誕樹下，乖乖地吃完，吸收維他命才能快高長大哦！少吃糖果、蛋糕或者餅乾，這樣才能預防蛀牙。

小精靈的聖誕除夕

❄

在聖誕節來臨的前一天，一切都必須準備就緒！負責信件的隊伍會把所有的信件重新閱讀一遍，以免有所遺漏。工廠的小精靈趕工生產最後一批的玩具。

迎接重大的時刻！

最後，雪橇組裝隊會把一袋袋的禮物放進雪橇，
每個袋子印着不同的圖案：印有巴黎鐵塔的圖案代表
要送去法國，袋鼠圖案代表要給澳洲的小朋友，而太
陽圖案代表墨西哥，獅子山圖案代表香港！記得千萬
別搞混啊！

整裝待發！

至於我，為了做充足的準備，我在木屋裏加建了一間體能訓練室。

好吧，我承認我並沒有經常去，但至少一個月一次，我會練習：

★ 爬下煙囪；

★ 爬上濕滑的屋頂；

★ 投擲禮物

★ 駕馭馴鹿，訓練起跳；

★ 還有使用降落傘，以防萬一！

聖誕節當天

來吧！就是今天了！我會在晚上起牀，利用早餐的時間（也許是晚餐吧？）最後溫習一下馴鹿的路線圖⋯⋯然後，我會叫所有工作團隊去刷牙梳洗，當然包括我的馴鹿朋友。稍後大家會到屋頂集合，準備開始一整晚的工作！

世界地圖

我最愛的時刻

　我最喜歡去探望梅沙小朋友，他住在一個可愛的小棚屋。每一年，他想要的聖誕禮物只是幾顆椰棗乾。我猜想他只是想見見我，向我問問題。他對我的工作很感興趣呢！或許他將來就會成為我的接班人了？

太棒了！最讓我高興的就是偶然在飛行的途中碰見煙花表演！我們在煙火中穿梭，在煙霧中旋轉，同時追逐着天上的星塵！在這個時候，我彷彿覺得自己也可以成為蝙蝠俠……

但是最温馨的時刻……好吧，我不得不承認……是當我在清晨回到木屋，深深地坐進柔軟的沙發裏，手裏拿着一杯鮮奶巧克力，然後發現在聖誕樹下有小精靈們為我準備的禮物！噢，聖誕節是一個多麼美妙的節日啊！

別偷看！聖誕老人的秘密

作者：愛麗絲·布希耶·阿給 (Alice Brière-Haquet)

海倫·布希耶·阿給 (Hélène Brière-Haquet)

繪圖：弗朗索瓦·馬克·貝耶 (François-Marc Baillet)

翻譯：吳定禧

責任編輯：趙慧雅

美術設計：鄭雅玲

出版：新雅文化事業有限公司

香港英皇道499號北角工業大廈18樓

電話：(852) 2138 7998

傳真：(852) 2597 4003

網址：http://www.sunya.com.hk

電郵：marketing@sunya.com.hk

發行：香港聯合書刊物流有限公司

香港新界大埔汀麗路36號中華商務印刷大廈3字樓

印刷：中華商務彩色印刷有限公司

香港新界大埔汀麗路36號

電話：(852) 2150 2100

傳真：(852) 2407 3062

電郵：info@suplogistics.com.hk

版次：二〇二〇年十月初版

ISBN: 978-962-08-7566-3

Originally published in the French language as "Le Grimoire du Père Noël"

Copyright © Fleurus Éditions 2018

Traditional Chinese Edition © 2020 Sun Ya Publications (HK) Ltd.

18/F, North Point Industrial Building, 499 King's Road, Hong Kong

Published in Hong Kong

Printed in China